Apprendre

Eureka Math®
2ᵉ année
Module 8

Great Minds PBC is the creator of Eureka Math®,
Wit & Wisdom®, Alexandria Plan™, and PhD Science™.

Published by Great Minds PBC. greatminds.org

Copyright © 2020 Great Minds PBC. All rights reserved. No part of this work may be reproduced or used in any form or by any means—graphic, electronic, or mechanical, including photocopying or information storage and retrieval systems—without written permission from the copyright holder.

ISBN 978-1-64929-071-7

1 2 3 4 5 6 7 8 9 10 XXX 25 24 23 22 21 20

Printed in the USA

Apprendre ♦ Pratiquer ♦ Réussir

La documentation pédagogique d'*Eureka Math®* pour *A Story of Units®* (K-5) est proposé dans le trio *Apprendre, Pratiquer, Réussir*. Cette série prend en charge la différenciation et la remédiation tout en gardant les documents pour les élèves organisés et accessibles. Les éducateurs constateront que la série *Apprendre, Pratiquer* et *Réussir* propose également des ressources cohérentes—et donc plus efficaces—pour la réponse à l'intervention (RAI), la pratique supplémentaire et l'apprentissage pendant l'été.

Apprendre

Eureka Math Apprendre sert de compagnon de classe aux élèves, où ils montrent leurs réflexions, partagent ce qu'ils savent et voient leurs connaissances s'enrichir chaque jour. *Apprendre* rassemble le travail quotidien en classe—Problèmes d'application, Tickets de sortie, Ensembles de problèmes, Modèles—dans un volume organisé et facilement navigable.

Pratiquer

Chaque leçon *Eureka Math* commence par une série d'activités de maîtrise énergiques et joyeuses, y compris celles se trouvant dans *Pratiquer d'Eureka Math*. Les élèves qui maîtrisent déjà leurs savoirs en mathématiques peuvent acquérir une plus grande maîtrise pratique, encore plus approfondie. Avec *Pratiquer,* les élèves acquièrent des compétences dans les savoirs nouvellement acquis et renforcent leurs apprentissages antérieurs en vue de la leçon suivante.

Ensemble, *Apprendre* et *Pratiquer* fournissent tout le matériel imprimé que les élèves utiliseront pour leur enseignement fondamental des mathématiques.

Réussir

Eureka Math Réussir permet aux élèves de travailler individuellement vers leur maîtrise. Ces séries additionnelles de problèmes font correspondre chaque leçon à l'enseignement en classe, ce qui les rend idéaux comme devoirs ou entraînements supplémentaires. Chaque ensemble de problèmes est accompagné d'une Aide aux devoirs, un ensemble d'exemples concrets qui illustrent comment résoudre des problèmes similaires.

Les enseignants et les tuteurs peuvent utiliser les livres *Réussir* des niveaux précédents comme outils cohérents avec le programme pour combler des lacunes dans les connaissances fondamentales. Les élèves s'épanouiront et progresseront plus rapidement parce que les modèles familiers facilitent les connexions au contenu de leur niveau scolaire actuel.

Élèves, familles et éducateurs :

Merci de faire partie de la communauté *Eureka Math*®, qui célèbre la passion, l'émerveillement et le plaisir des mathématiques.

Dans la salle de classe *Eureka Math*, un nouveau type d'apprentissage est activé par la richesse des expériences et des dialogues. Le livre *Apprendre* met entre les mains de chaque élève les instructions et séquences de problèmes dont ils ont besoin pour exprimer et consolider leur apprentissage en classe.

Que contient le livre Apprendre ?

Problèmes d'application : La résolution de problèmes dans un contexte réel fait partie du quotidien d'*Eureka Math*. Les élèves renforcent leur confiance et leur persévérance lorsqu'ils appliquent leurs connaissances dans d'autres situations, nouvelles et variées. Le programme encourage les élèves à utiliser le processus LDE—Lire le problème, Dessiner pour donner un sens au problème, et Écrire une équation et une solution. Les enseignants facilitent le partage des travaux entre les élèves qui se présentent mutuellement leurs stratégies de solution.

Ensembles de problèmes : Une Ensemble de problèmes soigneusement séquencée offre une opportunité en classe pour un travail indépendant, avec plusieurs points d'entrée pour la différenciation. Les enseignants peuvent utiliser le processus de Préparation et de Personnalisation pour sélectionner les problèmes « À faire » pour chaque élève. Certains élèves effectueront plus de problèmes que d'autres ; l'important est que tous les élèves disposent d'une période de 10 minutes pour exercer immédiatement ce qu'ils ont appris, avec un léger encadrement de leur professeur.

Les élèves amènent avec eux la Ensemble de problèmes jusqu'au point culminant de chaque leçon : le Compte rendu de l'élève. Ici, les élèves réfléchissent avec leurs pairs et leur enseignant, articulant et consolidant ce qu'ils se sont demandé, ce qu'ils ont remarqué et ce qui a été appris ce jour-là.

Tickets de sortie : Les élèves montrent à leur enseignant ce qu'ils savent grâce à leur travail sur le Ticket de sortie quotidien. Cette vérification de la compréhension fournit à l'enseignant des preuves précieuses en temps réel de l'efficacité de l'enseignement de ce jour-là, offrant un aperçu indispensable de la prochaine étape à suivre.

Modèles : Occasionnellement, le Problème d'application, l'Ensemble de problèmes, ou toute autre activité de classe nécessite que les élèves aient leur propre copie d'une image, d'un modèle réutilisable, ou d'un ensemble de données. Chacun de ces modèles est fourni avec la première leçon qui les exige.

Où puis-je en savoir plus sur les ressources Eureka Math ?

L'équipe de Great Minds® s'engage à aider les élèves, les familles et les éducateurs avec une bibliothèque de ressources en constante expansion, disponible sur le site eureka-math.org. Le site Web propose également des histoires de réussite inspirantes survenues dans la communauté *Eureka Math*. Partagez vos idées et vos réalisations avec d'autres utilisateurs en devenant un Champion d'*Eureka Math*.

Meilleurs vœux pour une année remplie de découvertes !

Jill Diniz
Directrice des mathématiques
Great Minds

Le processus Lecture–Dessin–Écriture

Le programme *Eureka Math* aide les élèves à résoudre leurs problèmes en utilisant un processus simple et reproductible, présenté par l'enseignant. Le processus Lecture–Dessin–Écriture (LDE) incite les élèves à

1. Lire le problème.
2. Dessiner et étiqueter.
3. Écrire une équation.
4. Écrire une phrase (énoncé).

Les éducateurs sont encouragés à consolider le processus en interposant des questions telles que

- Que vois-tu ?
- Peux-tu dessiner quelque chose ?
- Quelles conclusions peux-tu tirer de ton dessin ?

Plus les élèves utilisent cette approche systématique et ouverte pour raisonner sur leurs problèmes, plus ils intérioriseront le processus de pensée et l'appliqueront instinctivement au cours des années qui suivent.

Table des matières

Module 8 : Temps, formes et fractions en tant que parties égales de formes

Sujet A : Attributs des formes géométriques

Leçon 1 1

Leçon 2 7

Leçon 3 13

Leçon 4 19

Leçon 5 23

Sujet B : Formes composites et concepts de fraction

Leçon 6 29

Leçon 7 37

Leçon 8 43

Sujet C : moitiés, tiers et quarts des cercles et rectangles

Leçon 9 49

Leçon 10 57

Leçon 11 65

Leçon 12 71

Sujet D : Application des fractions pour indiquer l'heure

Leçon 13 77

Leçon 14 81

Leçon 15 87

Leçon 16 101

L (Lis attentivement le problème.)

Terrence crée des formes avec 12 cure-dents. En utilisant tous les cure-dents, crée 3 formes différentes qu'il pourrait faire. Combien d'autres combinaisons peux-tu trouver ?

D (Fais un dessin.)

Nom _____   Date _____

1. Identifie le nombre de côtés et d'angles pour chaque forme. Entoure chaque angle en comptant, si nécessaire. Le premier a été fait pour toi.

a.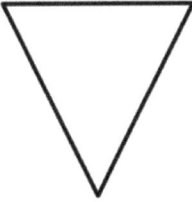

__3__ côtés

__3__ angles

b.

____ côtés

____ angles

c.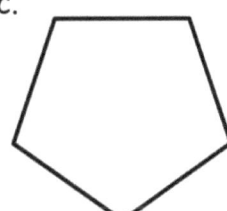

____ côtés

____ angles

d.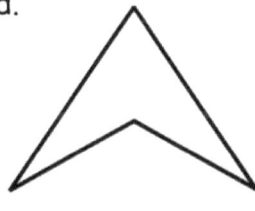

____ côtés

____ angles

e.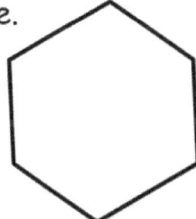

____ côtés

____ angles

f.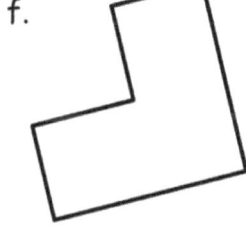

____ côtés

____ angles

g.

____ côtés

____ angles

h.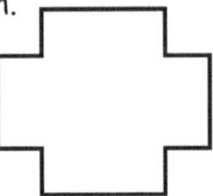

____ côtés

____ angles

i.

____ côtés

____ angles

Leçon 1 : Décrire des formes en deux dimensions sur la base de leurs attributs.

2. Étudie les formes ci-dessous. Réponds ensuite aux question.

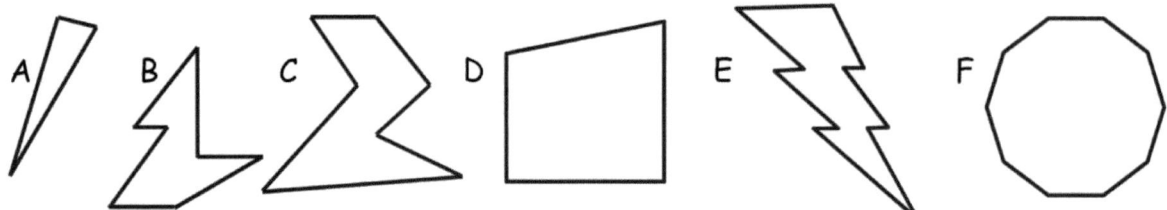

a. Quelle forme a le plus de côtés ? _____

b. Quelle forme a 3 angles de plus que la forme C ? _____

c. Quelle forme a 3 côtés de moins que la forme B ? _____

d. Combien d'angles de plus la forme C a-t-elle que la forme A ? _____

e. Lesquelles de ces formes ont le même nombre de côtés et d'angles ? _____

3. Ethan a déclaré que les deux formes ci-dessous sont toutes les deux des figures à six faces mais juste de tailles différentes. Explique pourquoi il a tort.

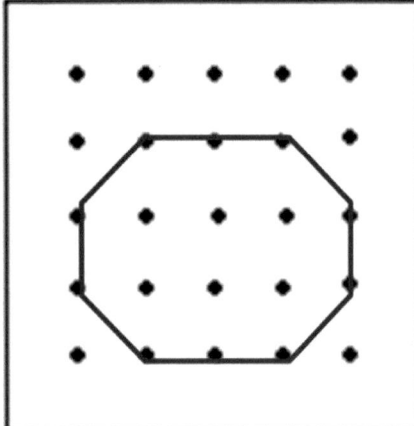 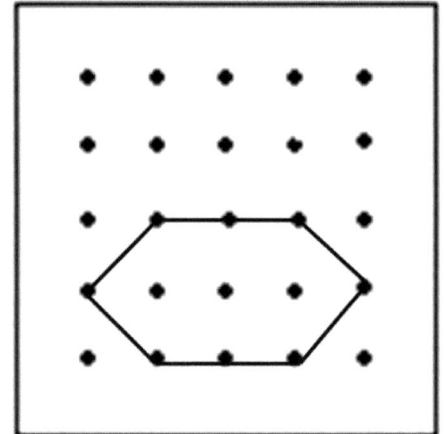

_____

_____

Nom _____ Date _____

Étudie les formes ci-dessous. Réponds ensuite aux question.

A 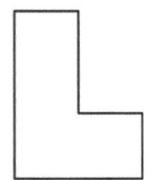 B  C 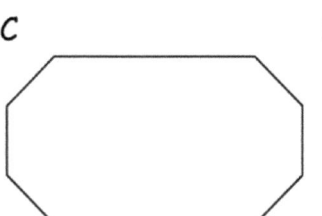 D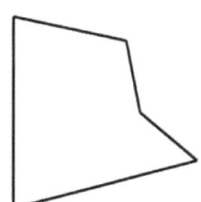

1. Quelle forme a le plus de côtés ? _____

2. Quelle forme a 3 angles de moins que la forme C ? _____

3. Quelle forme a 3 côtés de plus que la forme B ? _____

4. Lesquelles de ces formes ont le même nombre de côtés et d'angles ? _____

L (Lis attentivement le problème.)

Combien de triangles peux-tu trouver ? (Indice : si tu n'en as trouvé que 10, continue à chercher !)

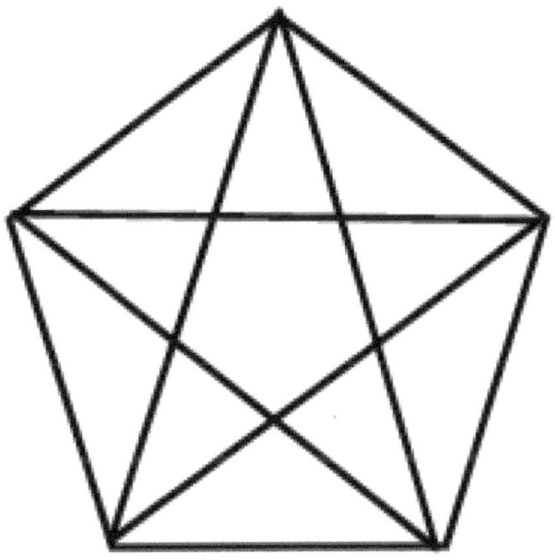

E (Écris un énoncé qui correspond à l'histoire.)

Nom _____ Date _____

1. Compte le nombre de côtés et d'angles de chaque forme pour identifier chaque polygone. Les noms de polygones dans la banque de mots peuvent être utilisés plus d'une fois.

| hexagone | quadrilatère | triangle | pentagone |

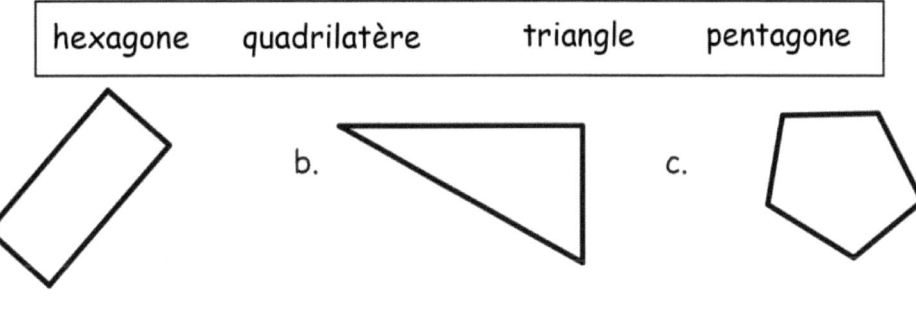

a. _____   b. _____   c. _____

d. _____   e. _____   f. _____

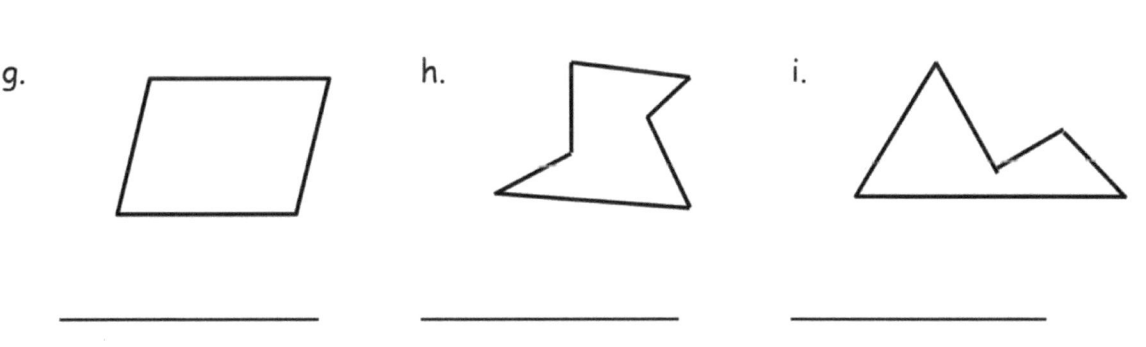

g. _____   h. _____   i. _____

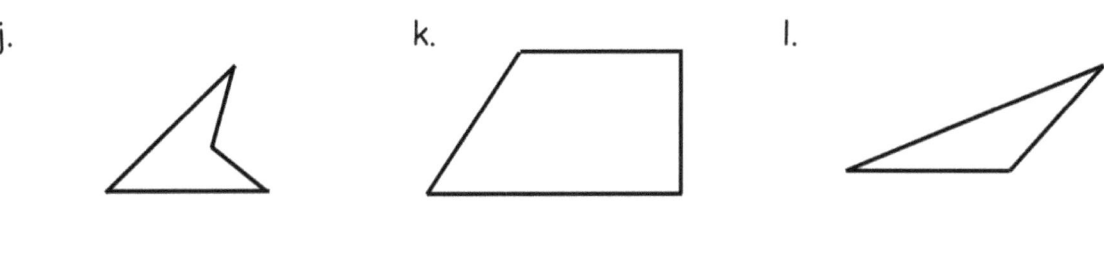

j. _____   k. _____   l. _____

2. Dessine plus de côtés pour compléter 2 exemples de chaque polygone.

	Exemple 1	Exemple 2
a. **Triangle** Pour chaque exemple, _____ ligne a été ajoutée. Un triangle a _____ côtés en tout.		
b. **Hexagone** Pour chaque exemple, _____ lignes ont été ajoutées. Un hexagone a _____ côtés en tout.		
c. **Quadrilatère** Pour chaque exemple, _____ lignes ont été ajoutées. Un quadrilatère a _____ côtés en tout.		
d. **Pentagone** Pour chaque exemple, _____ lignes ont été ajoutées. Un pentagone a _____ côtés en tout.		

3.
   a. Explique pourquoi les polygones A et B sont tous deux des hexagones.

   _____

   _____

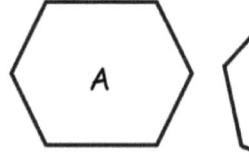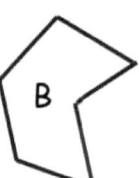

   b. Dessine un hexagone différent des deux qui sont indiqués.

4. Explique pourquoi les polygones C et D sont des quadrilatères.

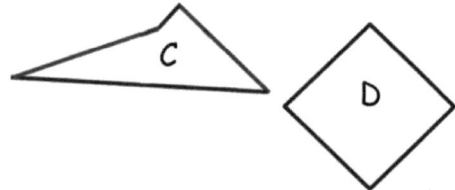

   _____

   _____

Nom _____ Date _____

Compte le nombre de côtés et d'angles de chaque forme pour identifier chaque polygone. Les noms de polygones dans la banque de mots peuvent être utilisés plus d'une fois.

| Hexagone   Quadrilatère   Triangle   Pentagone |

1.

_____

2.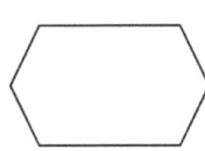

_____

3.

_____

4.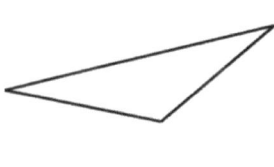

_____

5.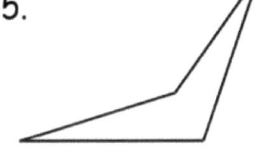

_____

6.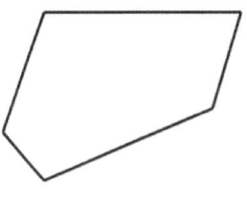

_____

UNE HISTOIRE D'UNITÉS — Leçon 3 Problème d'application — 2•8

L (Lis attentivement le problème.)

Les trois côtés d'un quadrilatère ont les longueurs suivantes : 19 cm, 23 cm et 26 cm. Si la distance totale autour de la forme est de 86 cm, quelle est la longueur du quatrième côté ?

D (Fais un dessin.)

E (Écris et résous une équation.)

E (Écris un énoncé qui correspond à l'histoire.)

_____

_____

_____

Nom _____ Date _____

1. Utilise une règle pour dessiner le polygone avec les attributs donnés dans l'espace à droite.

    a. Dessine un polygone avec 3 angles.

    Nombre de côtés : _____

    Nom du polygone : _____

    b. Dessine un polygone à cinq côtés.

    Nombre d'angles : _____

    Nom du polygone : _____

    c. Dessine un polygone avec 4 angles.

    Nombre de côtés : _____

    Nom du polygone : _____

    d. Dessine un polygone à six côtés.

    Nombre d'angles : _____

    Nom du polygone : _____

    e. Compare tes polygones à ceux de ton partenaire.

    Copie un exemple très différent du tien dans l'espace ci-dessous.

Leçon 3 : Utiliser des attributs pour dessiner différents polygones, y compris des triangles, des quadrilatères, des pentagones et des hexagones.

2. Utilise ta règle pour dessiner 2 nouveaux exemples de chaque polygone qui sont différents de ceux que tu as dessinés sur la première page.

   a. Triangle

   b. Pentagone

   c. Quadrilatère

   d. Hexagone

Nom _____ Date _____

Utilise une règle pour dessiner le polygone avec les attributs donnés dans l'espace à droite.

Dessine un polygone à cinq côtés.

Nombre d'angles : _____
Nom du polygone : _____

Leçon 3 : Utiliser des attributs pour dessiner différents polygones, y compris des triangles, des quadrilatères, des pentagones et des hexagones.

Nom _____   Date _____

1. Utilise ta règle pour dessiner 2 lignes parallèles qui ne sont pas de la même longueur.

2. Utilise ta règle pour dessiner 2 lignes parallèles qui sont de la même longueur.

3. Trace les lignes parallèles sur chaque quadrilatère à l'aide d'un crayon de couleur. Pour chaque forme avec deux paires de lignes parallèles, utilise deux couleurs différentes. Utilise ta fiche pour trouver chaque coin carré et encadre-le.

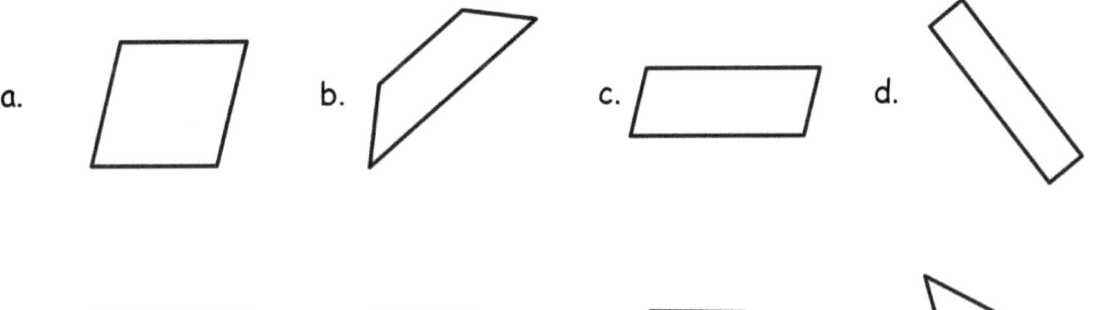

4. Dessine un parallélogramme sans coins carrés.

5. Dessine un quadrilatère avec 4 coins carrés.

6. Mesure et étiquette les côtés de la figure à droite avec ta règle centimétrique. Que remarques-tu ? Sois prêt à discuter des attributs de ce quadrilatère. Peux-tu te rappeler comment s'appelle ce polygone ?

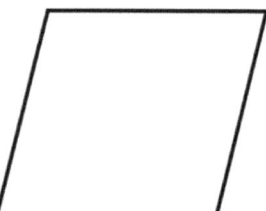

7. Un carré est un rectangle spécial. Qu'est-ce qui le rend spécial ?

_____

_____

Nom _____ Date _____

Utilise des crayons de couleur pour tracer les côtés parallèles de chaque quadrilatère. Utilise ta fiche pour trouver chaque coin carré et encadre-le.

1.    2.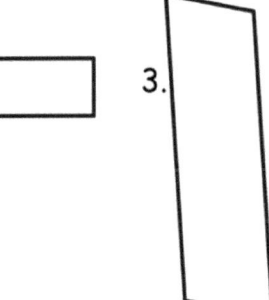

L (Lis attentivement le problème.)

Owen avait 90 pailles pour créer des pentagones. Il a créé un ensemble de 5 pentagones quand il a remarqué un motif dans les nombres. Combien de formes supplémentaires peut-il ajouter au motif ?

D (Fais un dessin.)
E (Écris et résous une équation.)

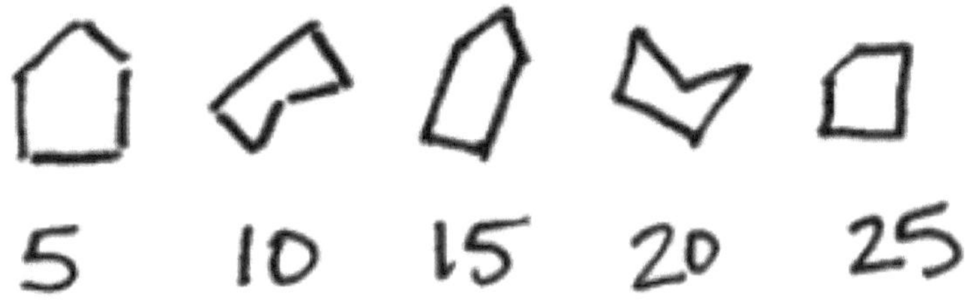

[pentagones dessinés : 5 10 15 20 25]

Leçon 5 : Rattacher le carré au cube, et décrire le cube sur la base de ses attributs.

E (Écris un énoncé qui correspond à l'histoire.)

_____

_____

Nom _____ Date _____

1. Entoure la forme qui pourrait être la face d'un cube.

2. Quel est le nom le plus précis de la forme que tu as entourée ? _____

3. Combien de faces un cube a-t-il ? _____

4. Combien d'arêtes un cube a-t-il ? _____

5. Combien d'angles un cube a-t-il ? _____

6. Dessine 6 cubes et place une étoile à côté du mieux fait.

Premier cube	Deuxième cube
Troisième cube	Quatrième cube
Cinquième cube	Sixième cube

Leçon 5 : Rattacher le carré au cube, et décrire le cube sur la base de ses attributs.

7. Relie les coins des carrés pour créer un autre type de dessin d'un cube. Le premier a été fait pour toi.

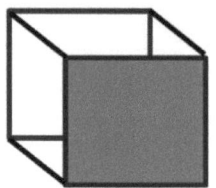 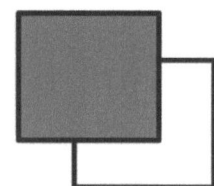 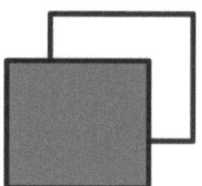 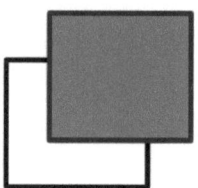

8. Derrick a regardé le cube ci-dessous. Il a dit qu'un cube n'a que 3 faces. Explique pourquoi Derrick a tort.

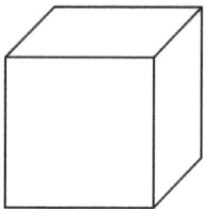

_____
_____
_____

Nom _____   Date _____

Dessine 3 cubes. Place une étoile à côté du mieux fait.

Leçon 5 : Rattacher le carré au cube, et décrire le cube sur la base de ses attributs.

L (Lis attentivement le problème.)

Frank a 19 cubes de moins que Josie. Frank a 56 cubes. Ils veulent utiliser tous leurs cubes pour construire une tour. Combien de cubes vont-ils utiliser ?

D (Fais un dessin.)
E (Écris et résous une équation.)

D (Écris la réponse au problème en écrivant une phrase complète.)

_____

_____

_____

Nom _____ Date _____

1. Identifie chaque polygone étiqueté dans le tangram aussi précisément que possible dans l'espace ci-dessous.

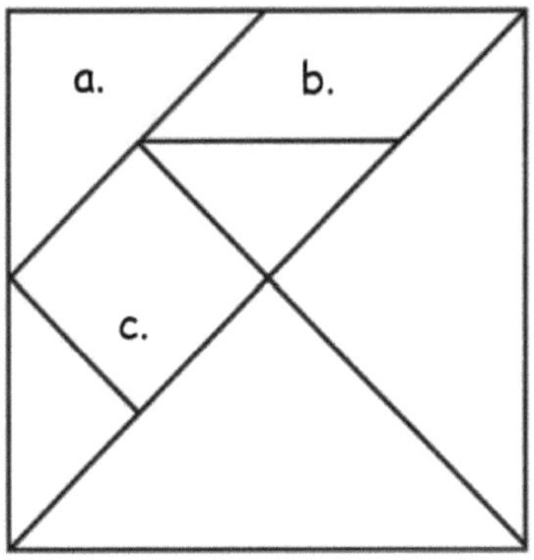

    a. _____

    b. _____

    c. _____

2. Utilise le carré et les deux plus petits triangles de tes parties du tangram pour créer les polygones suivants. Dessine-les dans l'espace prévu.

a. Un quadrilatère avec 1 paire de côtés parallèles.	b. Un quadrilatère sans coins carrés.
c. Un quadrilatère avec 4 coins carrés.	d. Un triangle avec 1 coin carré.

Leçon 6 : Combiner des formes pour créer une forme composite ; créer une nouvelle forme à partir de formes composites.

3. Utilise le parallélogramme et les deux plus petits triangles de tes parties du tangram pour créer les polygones suivants. Dessine-les dans l'espace prévu.

a. Un quadrilatère avec 1 paire de côtés parallèles.	b. Un quadrilatère sans coins carrés.
c. Un quadrilatère avec 4 coins carrés.	d. Un triangle avec 1 coin carré.

4. Réorganise le parallélogramme et les deux plus petits triangles pour former un hexagone. Dessine la nouvelle forme ci-dessous.

5. Réorganise tes parties du tangram pour créer d'autres polygones ! Identifie-les pendant que tu travailles.

Nom _____ Date _____

Utilise tes parties du tangram pour créer deux nouveaux polygones. Dessine une image de chaque nouveau polygone et nomme-les.

1.

2.

Découpe le tangram en 7 parts de puzzle.

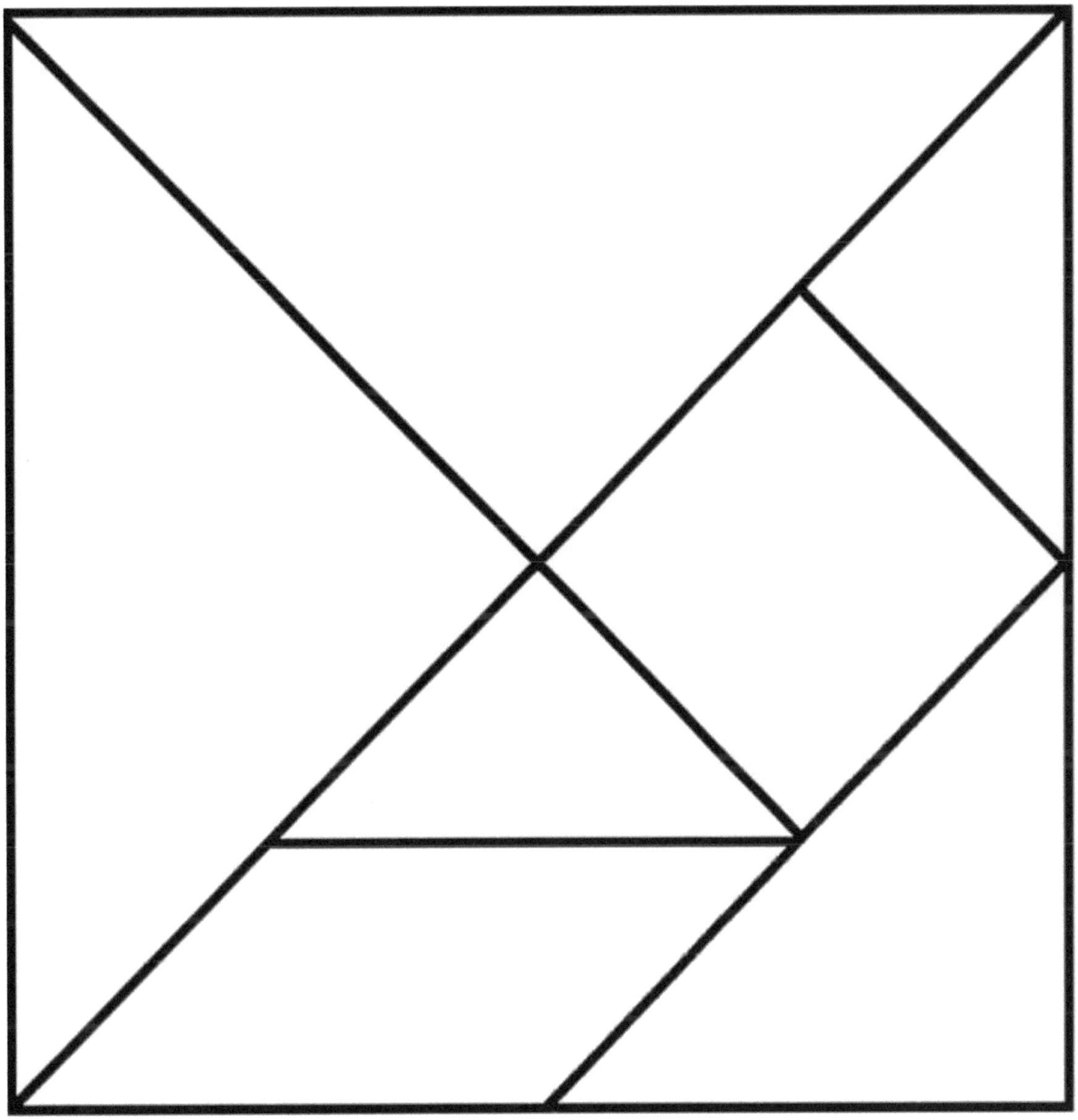

tangram

Leçon 6 : Combiner des formes pour créer une forme composite ; créer une nouvelle forme à partir de formes composites.

L (Lis attentivement le problème.)

Les élèves de Mme Libarian ramassent des parties du tangram. Ils collectent 13 parallélogrammes, 24 grands triangles, 24 petits triangles et 13 triangles moyens. Les autres sont des carrés. S'ils collectent 97 parts en tout, combien de carrés y a-t-il ?

D (Fais un dessin.)

E (Écris et résous une équation.)

Leçon 7 : Interpréter des parts égales comme les moitiés, les tiers et les quarts des formes composites.

D (Écris la réponse au problème en écrivant une phrase complète.)

_____

_____

_____

Nom _____ Date _____

1. Résous les énigmes suivantes en utilisant tes parties du tangram. Dessine tes solutions dans l'espace ci-dessous.

a. Utilise les deux plus petits triangles pour créer un triangle plus grand.	b. Utilise les deux plus petits triangles pour créer un parallélogramme sans coins carrés.
c. Utilise les deux plus petits triangles pour créer un carré.	d. Utilise les deux plus grands triangles pour faire un carré.
e. Combien de parts égales ont les formes plus grandes des parties (a à d) ?	f. Combien de moitiés composent les formes plus grandes dans les parties (a à d) ?

2. Entoure les formes qui montrent les moitiés.

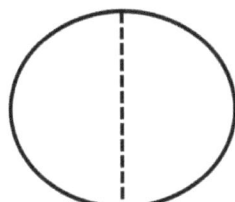 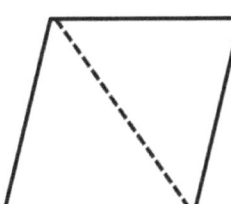 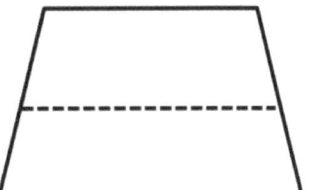 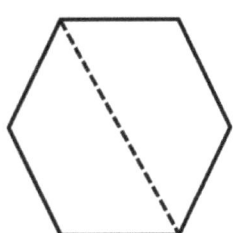

Leçon 7 : Interpréter des parts égales comme les moitiés, les tiers et les quarts des formes composites.

3. Montre comment 3 blocs de motif triangulaires forment un trapèze avec une paire de lignes parallèles. Dessine la forme ci-dessous.

   a. Combien de parts égales a le trapèze ? _____
   b. Combien de tiers sont dans le trapèze ? _____

4. Entoure les formes qui montrent les tiers.

 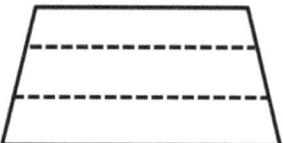 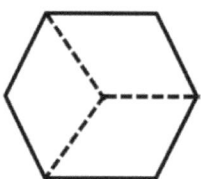

5. Ajoute un autre triangle au trapèze que tu as créé au problème 3 pour créer un parallélogramme. Dessine la nouvelle forme ci-dessous.

   a. Combien de parts égales la forme a-t-elle maintenant ? _____
   b. Combien de quarts sont dans la forme ? _____

6. Entoure les formes qui montrent les quarts.

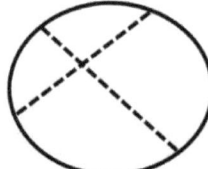 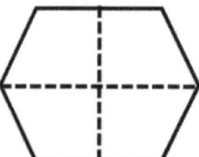 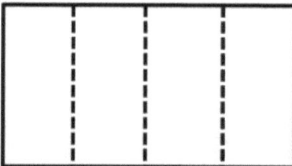

Nom _____ Date _____

1. Entoure les formes qui montrent les tiers.

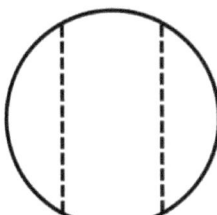 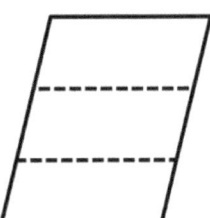 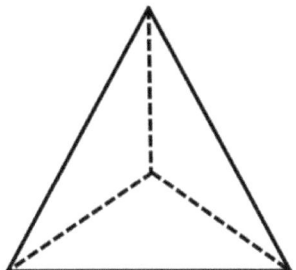

2. Entoure les formes qui montrent les quarts.

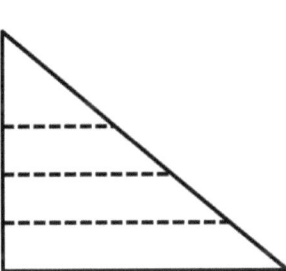 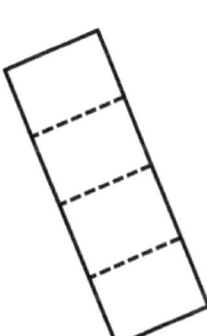 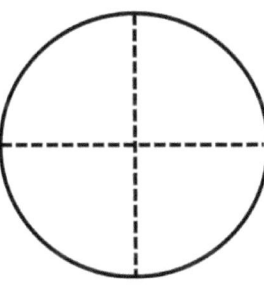

L (Lis attentivement le problème.)

Les élèves créaient des formes plus grandes à partir de triangles et de carrés. Ils ont mis de côté les 72 triangles. Il y avait encore 48 carrés sur le tapis. Combien de triangles et de carrés étaient sur le tapis quand ils ont commencé ?

D (Fais un dessin.)
E (Écris et résous une équation.)

D (Écris la réponse au problème en écrivant une phrase complète.)

_____

_____

_____

Nom _____ Date _____

1. Utilise un bloc de motif pour couvrir la moitié du losange.

   a. Identifie le bloc de motif utilisé pour couvrir la moitié du losange. _____

   b. Dessine une image du losange formé par les 2 moitiés.

2. Utilise un bloc de motif pour couvrir la moitié de l'hexagone.

   a. Identifie le bloc de motif utilisé pour couvrir la moitié de l'hexagone. _____

   b. Dessine une image de l'hexagone formé par les 2 moitiés.

3. Utilise un bloc de motif pour couvrir 1 tiers de l'hexagone.

   a. Identifie le bloc de motif utilisé pour couvrir 1 tiers de l'hexagone. _____

   b. Dessine une image de l'hexagone formé par les 3 tiers.

4. Utilise un bloc de motif pour couvrir 1 tiers du trapèze.

   a. Identifie le bloc de motif utilisé pour couvrir 1 tiers d'un trapèze. _____

   b. Dessine une image du trapèze formé par les 3 tiers.

5. Utilise 4 blocs de motif de blocs pour faire un carré plus grand.

   a. Dessine une image du carré formé dans l'espace ci-dessous.

   b. Noircies 1 petit carré. Chaque petit carré est 1 _____ (moitié / tiers / quart) du carré entier.

   c. Noircies 1 autre petit carré. Maintenant, 2 _____ (moitiés / tiers / quarts) du carré entier sont noircis.

   d. Et 2 quarts du carré équivalent à 1 _____ (moitié / tiers / quart) du carré entier.

   e. Noircies 2 autres petits carrés. _____ quarts est égal à 1 tout.

6. Utilise un bloc de motif pour couvrir 1 sixième de l'hexagone.

   a. Identifie le bloc de motif utilisé pour couvrir 1 sixième de l'hexagone. _____

   b. Dessine une image de l'hexagone formé par les 6 sixièmes.

UNE HISTOIRE D'UNITÉS Leçon 8 Ticket de sortie 2•8

Nom _____   Date _____

Nomme le bloc de motif utilisé pour couvrir la moitié du rectangle. _____

Utilise la forme ci-dessous pour dessiner les blocs de motif utilisés pour couvrir 2 moitiés.

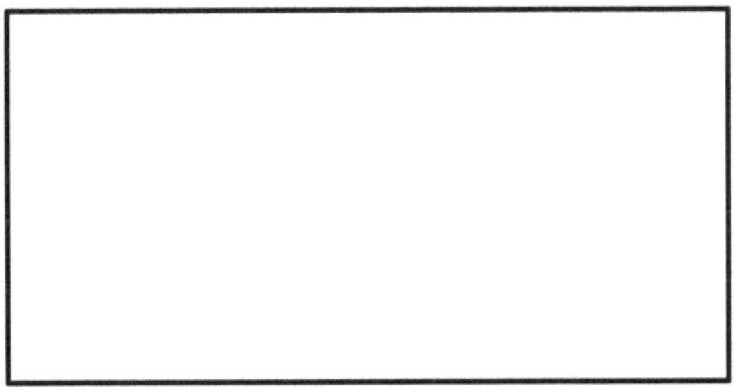

Leçon 8 : Interpréter des parts égales comme les moitiés, les tiers et les quarts des formes composites.

L (Lis attentivement le problème.)

La classe de M. Thompson a recueilli 96 dollars pour une excursion scolaire.

Ils doivent amasser un total de 120 dollars.

a. Combien d'argent supplémentaire ont-ils besoin de collecter pour atteindre leur objectif ?

b. S'ils recueillent 86 dollars de plus, combien d'argent supplémentaire auront-ils ?

D (Fais un dessin.)
E (Écris et résous une équation.)

D (Écris la réponse au problème en écrivant une phrase complète.)

a.

b.

Nom _____ Date _____

1. Entoure les formes qui ont 2 parts égales avec 1 part noircie.

  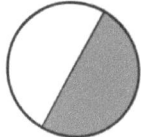 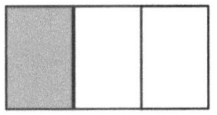

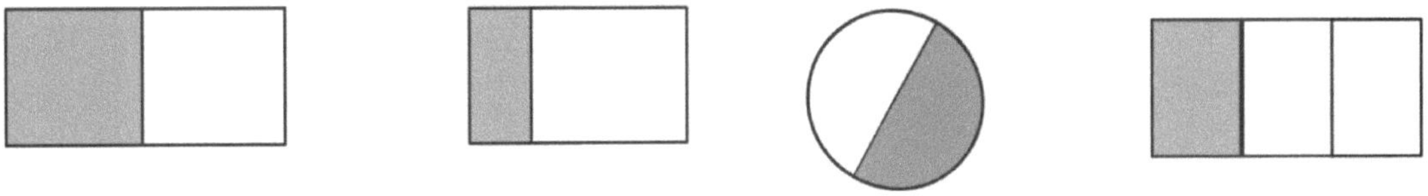

2. Noircis 1 moitié des formes qui sont divisées en 2 parts égales. Une a déjà été faite pour toi.

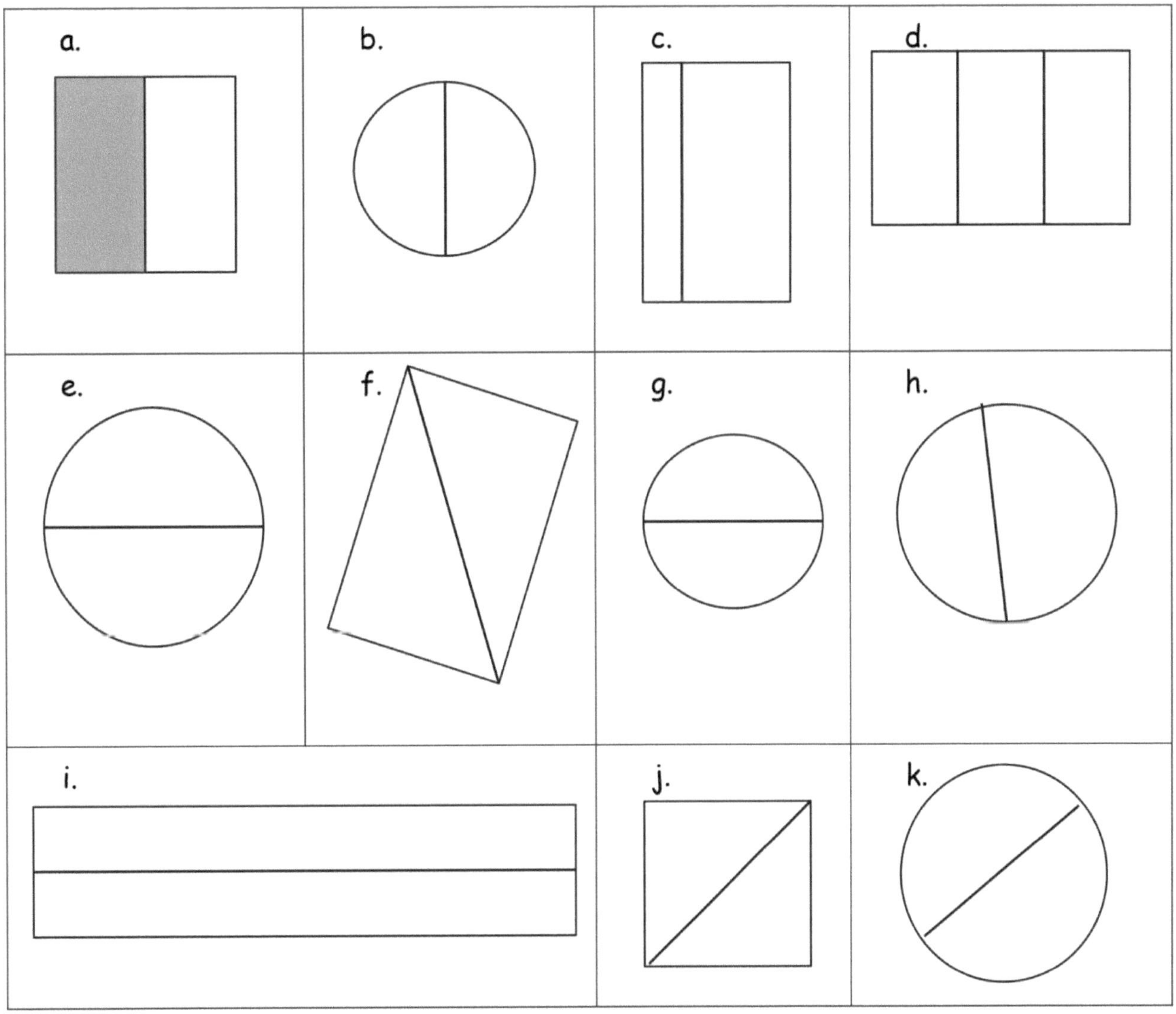

3. Divise les formes pour montrer les moitiés. Noircis 1 moitié de chacune. Compare tes moitiés à celles de ton partenaire.

a.

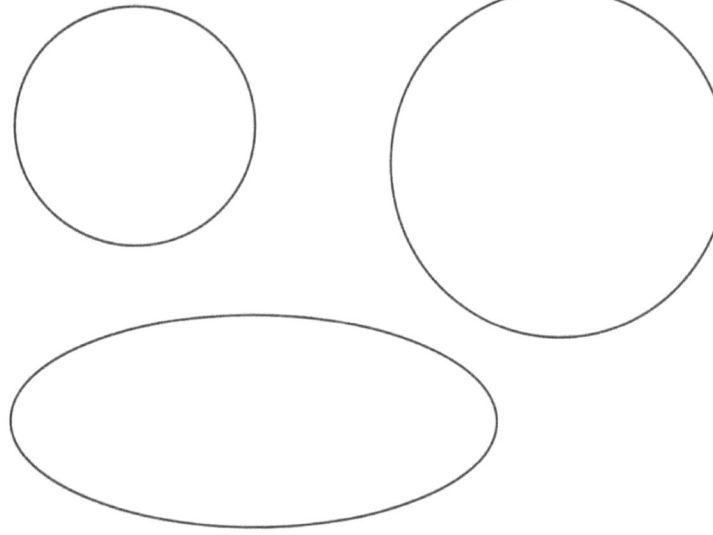

b.

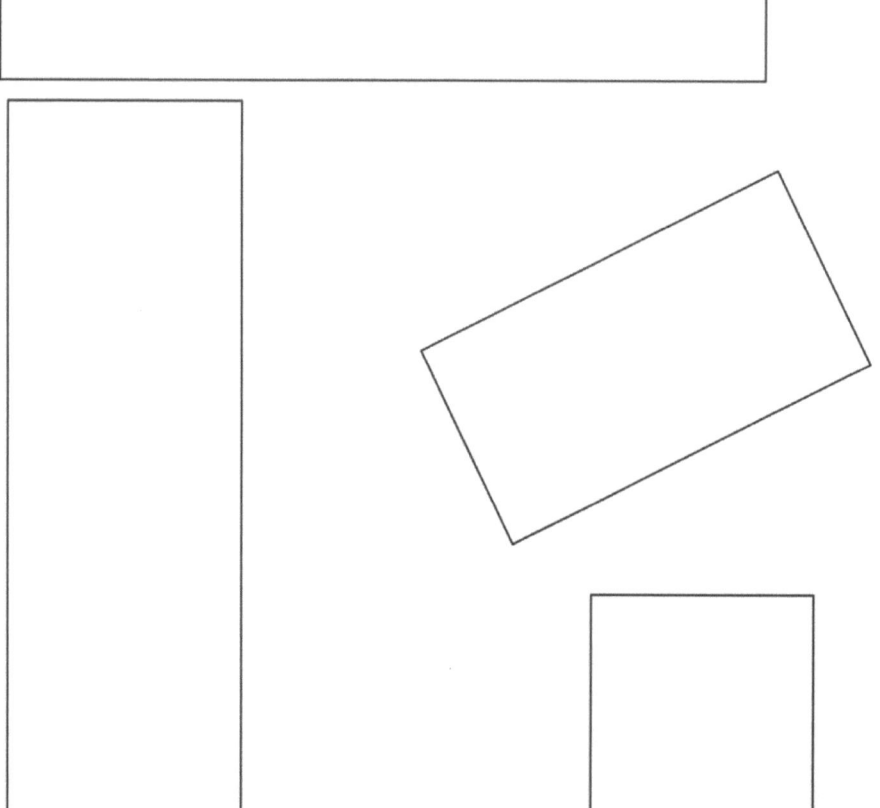

Nom _____ Date _____

Noircis 1 moitié des formes qui sont divisées en 2 parts égales.

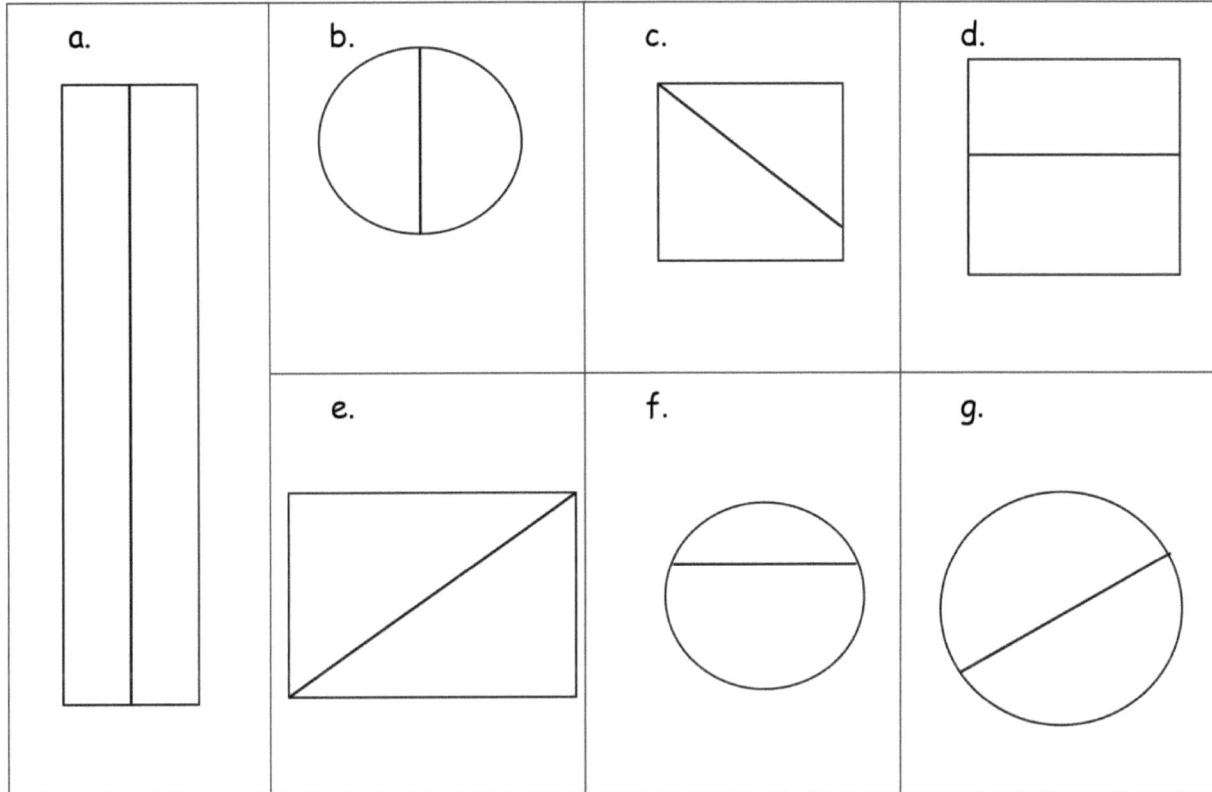

Leçon 9 : Diviser des cercles et des rectangles en parties égales, et décrire ces parties comme les moitiés, les tiers ou les quarts.

UNE HISTOIRE D'UNITÉS   Leçon 9 Modèle 2   2•8

a.

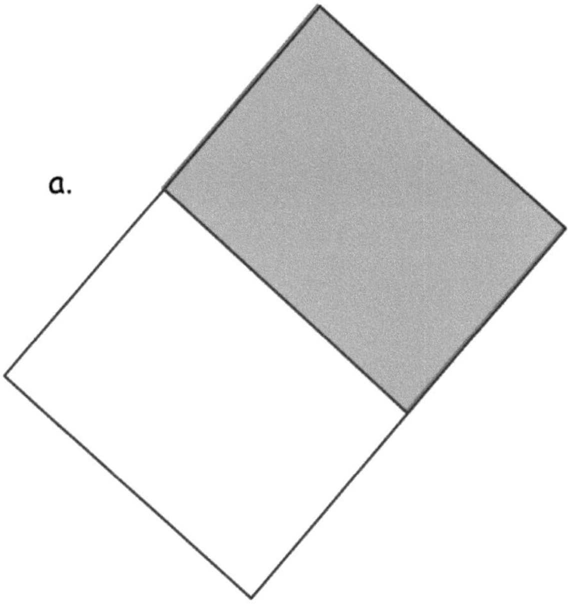

b.

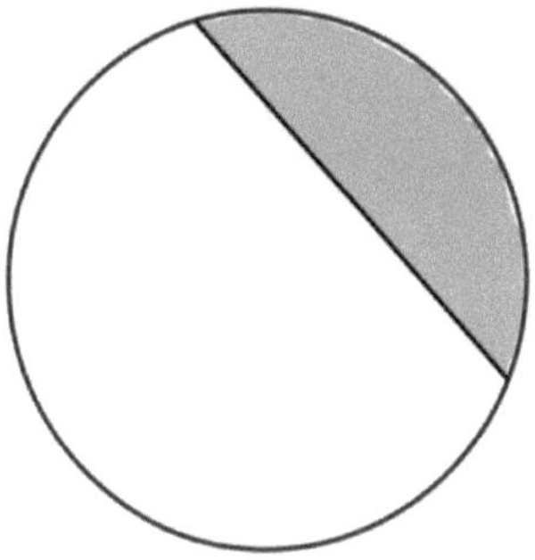

c.

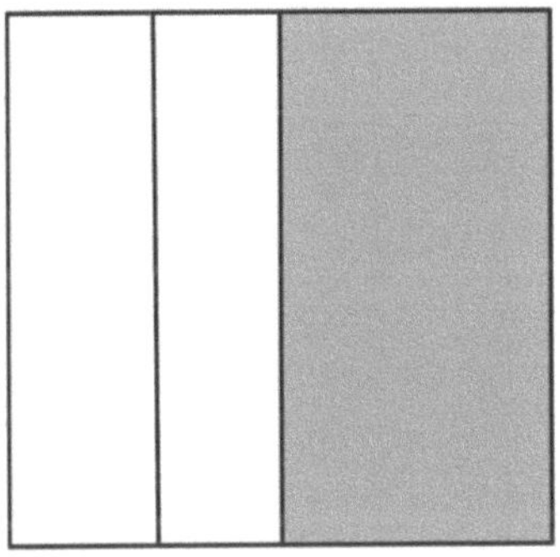

d.

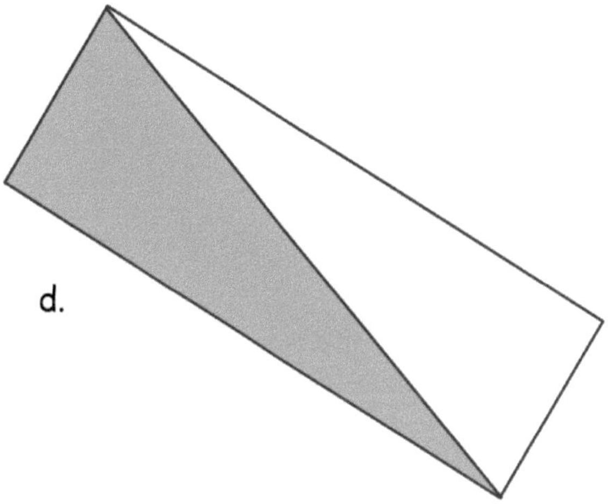

e.

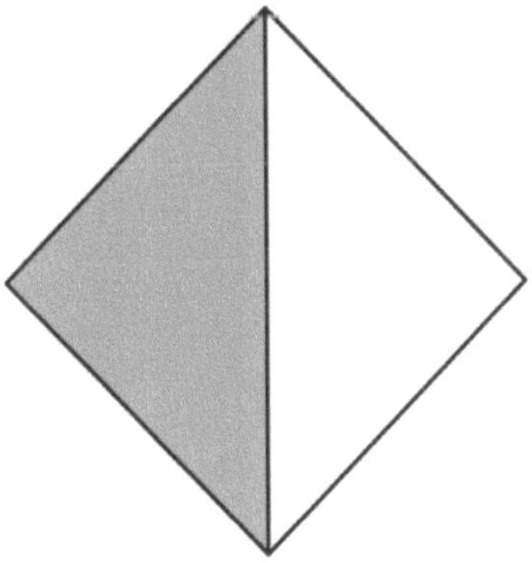

f.

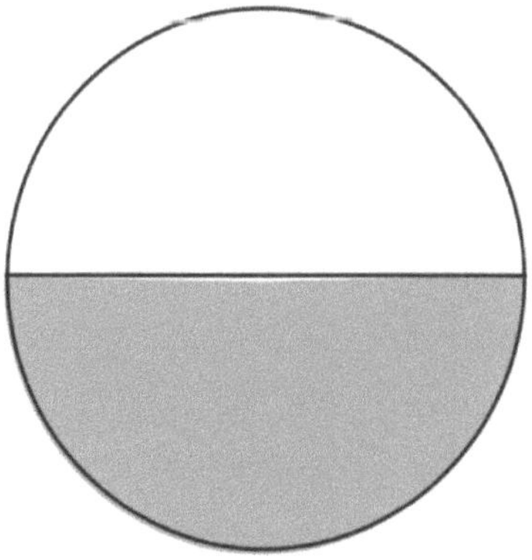

_____

Formes noircies

Leçon 9 :   Diviser des cercles et des rectangles en parties égales, et décrire ces parties comme les moitiés, les tiers ou les quarts.

L (Lis attentivement le problème.)

Felix distribue des billets de tombola. Il distribue 98 billets et en garde 57. Combien de billets de tombola avait-il au départ ?

D (Fais un dessin.)
E (Écris et résous une équation.)

Leçon 10 : Diviser des cercles et des rectangles en parties égales, et décrire ces parties comme les moitiés, les tiers ou les quarts.

D (Écris la réponse au problème en écrivant une phrase complète.)

Nom _____ Date _____

1. a. Les formes du problème 1(a) montrent-elles des moitiés ou des tiers ? _____

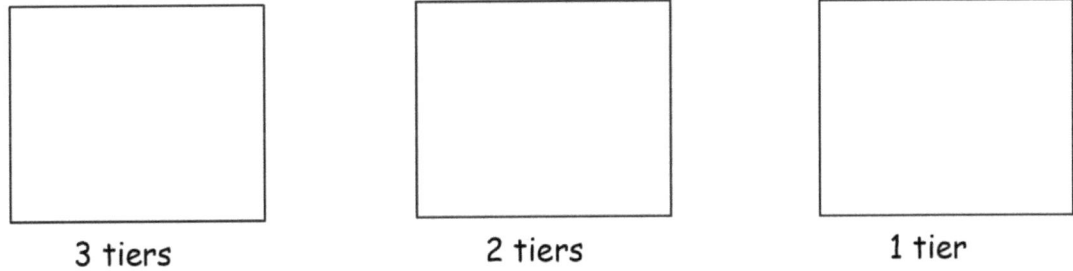

   b. Trace 1 ligne de plus pour diviser chaque forme ci-dessus en quarts.

2. Divise chaque rectangle en tiers. Ensuite, noircis les formes comme indiqué.

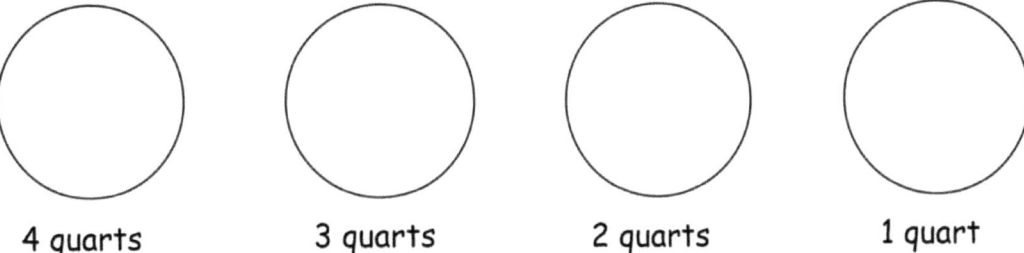

   3 tiers   2 tiers   1 tier

3. Divise chaque cercle en quarts. Ensuite, noircis les formes comme indiqué.

   4 quarts   3 quarts   2 quarts   1 quart

4. Divise et noircis les formes suivantes comme indiqué. Chaque rectangle ou cercle est un tout.

a. 1 quart

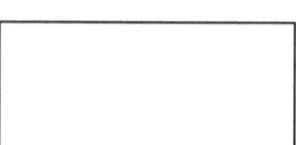

b. 1 tiers

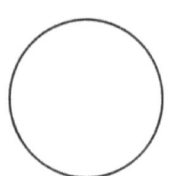

c. 1 moitié

d. 2 quarts

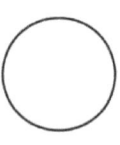

e. 2 tiers

f. 2 moitiés

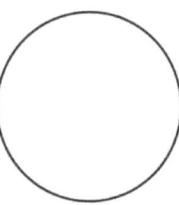

g. 3 quarts

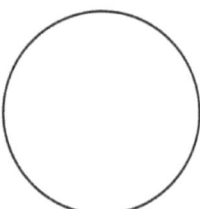

h. 3 tiers

i. 3 moitiés

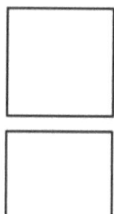

5. Divise la pizza ci-dessous pour que Maria, Paul, Jose et Mark aient chacun une part égale. Étiquette la part de chaque élève avec son nom.

   a. Quelle fraction de la pizza a été mangée par chacun des garçons ?

   b. Quelle fraction de la pizza les garçons ont-ils mangé au total ?

Nom _____ Date _____

Divise et noircis les formes suivantes comme indiqué. Chaque rectangle ou cercle est un tout.

1. 2 moitiés

2. 2 tiers

3. 1 tiers

4. 1 moitié

5. 2 quarts

6. 1 quart

rectangles et cercles

Leçon 10 : Diviser des cercles et des rectangles en parties égales, et décrire ces parties comme les moitiés, les tiers ou les quarts.

L (Lis attentivement le problème.)

Jacob a collecté 70 cartes de baseball. Il en a donné la moitié à son frère Sammy. Combien de cartes de baseball reste-t-il à Jacob ?

D (Fais un dessin.)

E (Écris et résous une équation.)

D (Écris la réponse au problème en écrivant une phrase complète.)

_____

_____

_____

Nom _____   Date _____

1. Pour les parties (a), (c) et (e), identifie la zone noircie.

   a.

   _____ moitié   _____ moitiés

   b. Entoure la forme ci-dessus qui a une zone noircie qui montre 1 entier.

   c.

   _____ tiers   _____ tiers   _____ tiers

   d. Entoure la forme ci-dessus qui a une zone noircie qui montre 1 entier.

   e.

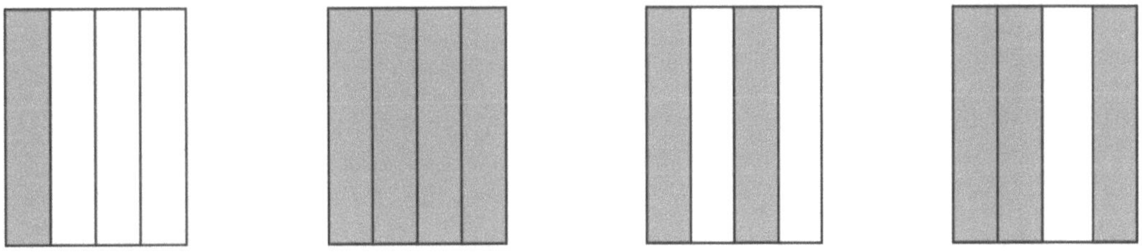

   _____ quart   _____ quarts   _____ quarts   _____ quarts

   f. Entoure la forme ci-dessus qui a une zone noircie qui montre 1 entier.

Leçon 11 : Décrire un tout par le nombre de parties égales, y compris 2 moitiés, 3 tiers et 4 quarts.

2. Quelle fraction as-tu besoin de colorier pour que 1 tout soit noirci ?

a.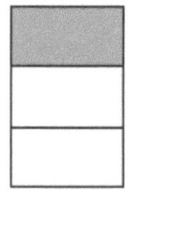

_____

b.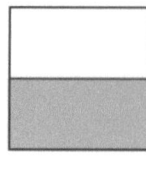

_____

c.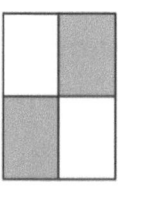

_____

d.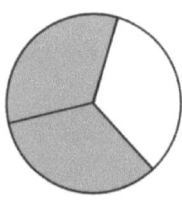

_____

e.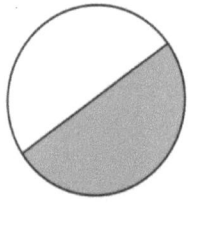

_____

f.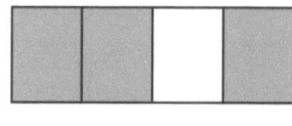

_____

3. Complète le dessin pour afficher 1 entier.

a. C'est 1 moitié.
   Dessine 1 tout.

   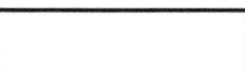

b. C'est 1 tiers.
   Dessine 1 tout.

c. C'est 1 quart.
   Dessine 1 tout.

UNE HISTOIRE D'UNITÉS

Leçon 11 Ticket de sortie 2•8

Nom _____   Date _____

Quelle fraction as-tu besoin de colorier pour que 1 tout soit noirci ?

1.

_____

2.

_____

3.

_____

4.

_____

Leçon 11 : Décrire un tout par le nombre de parties égales, y compris 2 moitiés, 3 tiers et 4 quarts.

Leçon 12 Problème d'application

L (Lis attentivement le problème.)

Tugu a fait deux pizzas pour lui et ses 5 amis à partager. Il veut que tout le monde ait une part égale de la pizza. Doit-il couper les pizzas en deux, en trois ou en quatre ?

D (Fais un dessin.)

D (Écris la réponse au problème en écrivant une phrase complète.)

_____

_____

_____

Nom _____ Date _____

1. Divise les rectangles de 2 manières différentes pour afficher des parts égales.

   a. 2 moitiés

   [ ]   [ ]

   b. 3 tiers

   [ ]   [ ]

   c. 4 quarts

   [ ]   [ ]

2. Forme le carré entier d'origine en utilisant la moitié du rectangle et la moitié représentée par tes 4 petits triangles. Dessine dans l'espace ci-dessous.

Leçon 12 : Comprendre que des parties égales d'un rectangle identique peuvent avoir des formes différentes.

3. Utilise des moitiés de couleurs différentes d'un carré entier.

   a. Découpe le carré en deux pour faire 2 rectangles de taille égale.

   b. Réorganise les moitiés pour créer un nouveau rectangle sans espaces ni chevauchements.

   c. Divise chaque partie égale en deux pour faire 4 carrés de taille égale.

   d. Réorganise les nouvelles parts égales pour créer différents polygones.

   e. Dessine l'un de tes nouveaux polygones de la partie (d) ci-dessous.

Extension

4. Découpe le cercle.

   a. Divise le cercle en moitie.

   b. Réorganise les moitiés pour créer une nouvelle forme sans espaces ni chevauchements.

   c. Divise chaque part égale en deux.

   d. Réorganise les nouvelles parts égales pour créer une nouvelle forme sans espaces ni chevauchements.

   e. Dessine l'une de tes nouvelles formes de la partie (d) ci-dessous.

Leçon 12 : Comprendre que des parties égales d'un rectangle identique peuvent avoir des formes différentes.

Nom _____ Date _____

Divise les rectangles de 2 manières différentes pour afficher des parts égales.

1. 2 moitiés

2. 3 tiers

3. 4 quarts

Leçon 12 : Comprendre que des parties égales d'un rectangle identique peuvent avoir des formes différentes.

Nom _____ Date _____

1. Écris quelle fraction de chaque horloge est noircie dans l'espace ci-dessous en utilisant les mots *quart, quarts, moitié* ou *moitiés*.

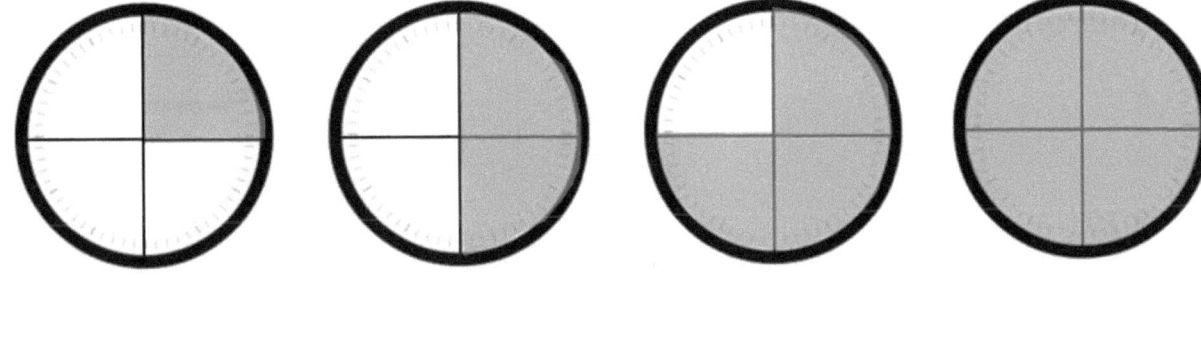

_____   _____   _____   _____

2. Écris l'heure indiquée sur chaque horloge.

a.

_____

b.

_____

c.

_____

d.

_____

3. Relie chaque heure à la bonne horloge en traçant une ligne.

- 4 heures moins le quart

- 8 heures et demie

- 8:30

- 3:45

- 1:15

3. Dessine l'aiguille des minutes sur l'horloge pour afficher l'heure correcte.

3:45 11:30 6:15

Nom _____ Date _____

Dessine l'aiguille des minutes sur l'horloge pour afficher l'heure correcte.

7 heures trente   12:15   3 heures moins le quart

L (Lis attentivement le problème.)

Les brownies mettent 45 minutes à cuire. Les pizza mettent une demi-heure de moins que les brownies à se réchauffer. Combien de temps faut-il à la pizza pour se réchauffer ?

D (Fais un dessin.)

E (Écris et résous une équation.)

D (Écris la réponse au problème en écrivant une phrase complète.)

_____

_____

_____

Nom _____ Date _____

1. Écris les chiffres qui manquent.

   60, 55, 50, _____, 40, _____, _____, _____, 20, _____, _____, _____, _____,

2. Remplis les nombres manquants sur le cadran de l'horloge pour afficher les minutes.

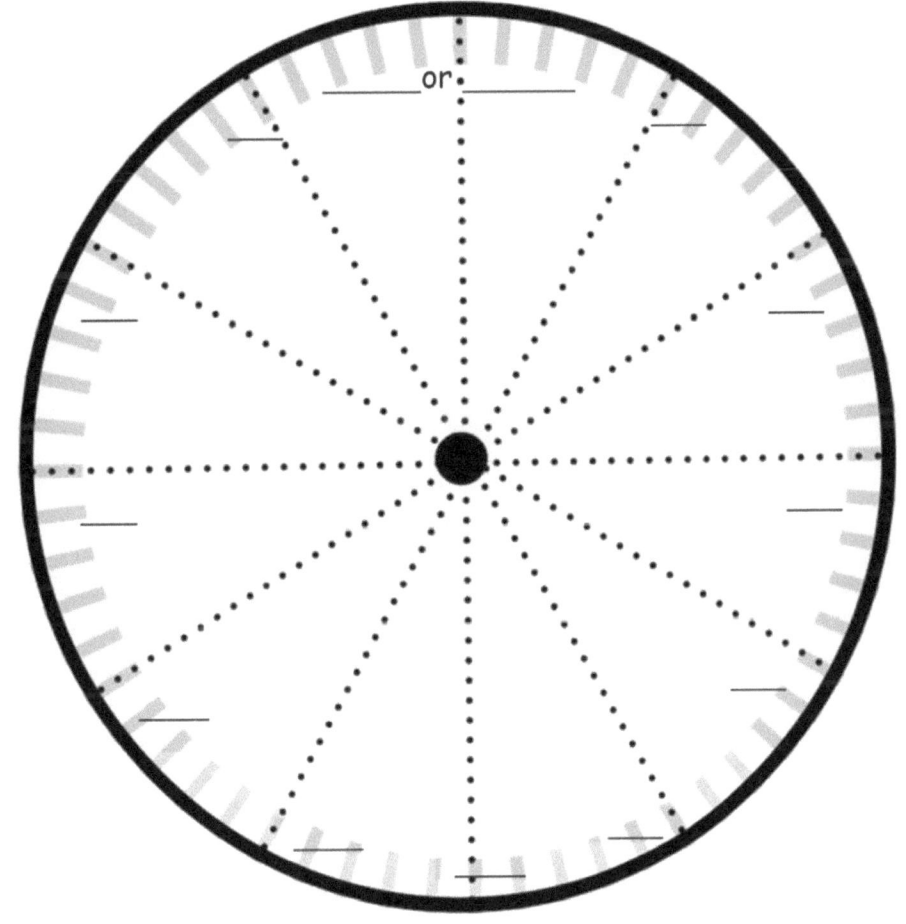

Leçon 14 :   Dire l'heure aux cinq minutes près.

3. Dessine les aiguilles des heures et des minutes sur les horloges pour correspondre à l'heure correcte.

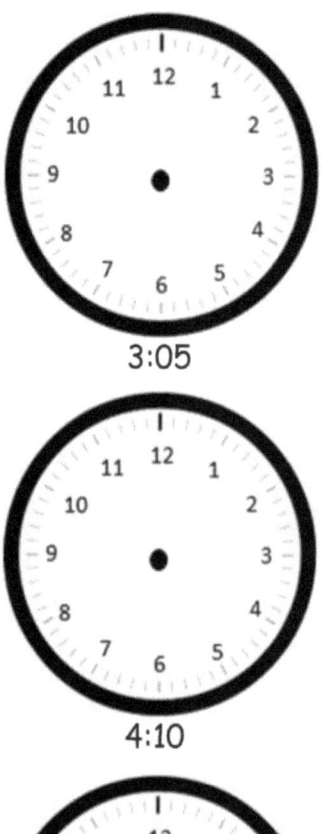
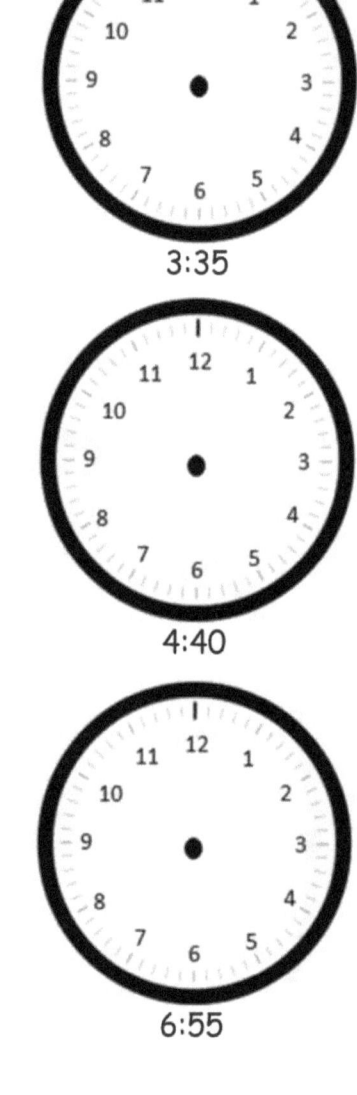

4. Quelle heure est-il ?

_____   _____

Nom _____ Date _____

Dessine les aiguilles des heures et des minutes sur les horloges pour correspondre à l'heure correcte.

12:55

5:25

Leçon 14 : Dire l'heure aux cinq minutes près.

L (Lis attentivement le problème.)

À l'école Memorial, les élèves ont un quart d'heure pour la récréation du matin et 33 minutes pour une pause déjeuner. Combien de temps libre ont-ils en tout ? Combien de temps de pause de plus pour le déjeuner que pour la récréation ?

D (Fais un dessin.)

E (Écris et résous une équation.)

D (Écris la réponse au problème en écrivant une phrase complète.)

Nom _____ Date _____

1. Décide si l'activité ci-dessous aura lieu le matin ou l'après-midi. Entoure ta réponse.

   a. Se réveiller pour l'école   a.m. / p.m.

   b. Dîner   a.m. / p.m.

   c. Lire une histoire au coucher   a.m. / p.m.

   d. Préparer le petit-déjeuner   a.m. / p.m.

   e. Passer du temps avec un ami après l'école   a.m. / p.m.

   f. Aller se coucher   a.m. / p.m.

   g. Manger un morceau de gâteau   a.m. / p.m.

   h. Pause du midi   a.m. / p.m.

2. Dessine les aiguilles sur l'horloge analogique pour correspondre à l'heure sur l'horloge numérique. Puis, entoure **a.m. ou p.m.** en fonction de la description donnée.

   a. Se brosser les dents après le réveil

   7:10   a.m. ou p.m.

   b. Terminer ses devoirs

   5:55   a.m. ou p.m.

3. Écris ce que tu pourrais faire s'il était **a.m. ou p.m.**

   a. **a.m.** _____

   b. **p.m.** _____

4. Quelle heure affiche l'horloge ?

   ____ : ____

Nom _____   Date _____

Dessine les aiguilles sur l'horloge analogique pour correspondre à l'heure sur l'horloge numérique. Puis, **entoure a.m. ou p.m**. en fonction de la description donnée.

1. Le soleil se lève.

   6:10   a.m. ou p.m.

   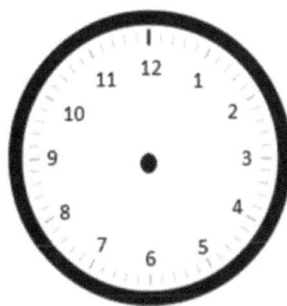

2. Promener le chien

   3:40   a.m. ou p.m.

Écris l'heure. Entoure a.m. ou p.m.

_____ a.m./p.m.

raconter une histoire (grande)

Écris l'heure. Entoure a.m. ou p.m.

_____
a.m./p.m.

_____
raconter une histoire (grande)

UNE HISTOIRE D'UNITÉS   Leçon 15 Modèle 2   2•8

Écris l'heure. Entoure a.m. ou p.m.

a.m./p.m.

_____
raconter une histoire (grande)

Leçon 15 : Dire l'heure à cinq minutes près; rapporter le *matin et l'après-midi* à l'heure de la journée.

95

Écris l'heure. Entoure a.m. ou p.m.

_____ a.m./p.m.

_____
raconter une histoire (grande)

Écris l'heure. Entoure a.m. ou p.m.

_____ a.m./p.m.

raconter une histoire (grande)

Leçon 15 : Dire l'heure à cinq minutes près; rapporter le *matin et l'après-midi* à l'heure de la journée.

UNE HISTOIRE D'UNITÉS — Leçon 15 Modèle 2

Écris l'heure. Entoure a.m. ou p.m.

_____ a.m./p.m.

_____
raconter une histoire (grande)

Leçon 15 : Dire l'heure à cinq minutes près; rapporter le *matin* et *l'après-midi* à l'heure de la journée.

Écris l'heure. Entoure a.m. ou p.m.

_____
a.m./p.m.

raconter une histoire (grande)

Écris l'heure. Entoure a.m. ou p.m.

_____
a.m./p.m.

_____
raconter une histoire (grande)

L (Lis attentivement le problème.)

Le samedi, Jeanne ne peut regarder les dessins animés que pendant une heure. Son premier dessin animé dure 14 minutes et le deuxième 28 minutes. Après une pause de 5 minutes, Jeanne regarde un dessin animé de 15 minutes. Combien de temps Jeanne passe-t-elle à regarder des dessins animés ? A-t-elle dépassée la limite lui étant octroyée ?

D (Fais un dessin.)

E (Écris et résous une équation.)

UNE HISTOIRE D'UNITÉS

Leçon 16 Problème d'application 2•8

D (Écris la réponse au problème en écrivant une phrase complète.)

_____

_____

_____

Nom _____ Date _____

1. Combien de temps s'est écoulé ?

   a. 6:30 a.m. → 7:00 a.m.   _____

   b. 4:00 p.m. → 9:00 p.m.   _____

   c. 11:00 a.m. → 5:00 p.m.   _____

   d. 3:30 a.m. → 10:30 a.m.   _____

   e. 7:00 p.m. → 1:30 a.m.   _____

   f.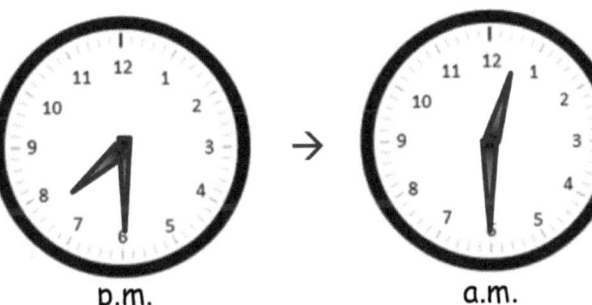

   g.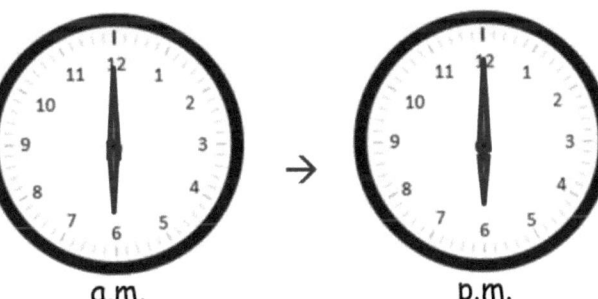

   h.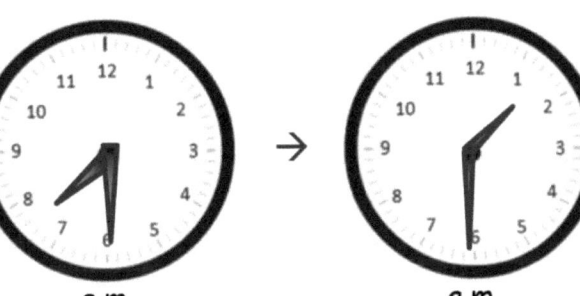

2. Résoudre.

   a. Tracy arrive à l'école à 7:30 a.m. Elle quitte l'école à 3:30 p.m. Pendant combien de temps Tracy est-elle à l'école ?

   b. Anna a passé 3 heures à pratiquer la danse. Elle a terminé à 6:15 p.m. À quelle heure a-t-elle commencé ?

   c. Andy a terminé son entraînement de baseball à 4:30 p.m. Son entraînement a duré 2 heures. À quelle heure a commencé son entraînement de baseball ?

   d. Marcus a fait une balade en voiture. Il est parti lundi à 7:00 a.m. et a conduit jusqu'à 4:00 p.m. Mardi, Marcus a conduit de 6:00 a.m. à 3:30 p.m. Combien d'heures a-t-il conduit lundi et mardi ?

Nom _____ Date _____

Combien de temps s'est écoulé ?

1. 3:00 p.m. → 11:00 p.m.   _____

2. 5:00 a.m. → 12:00 p.m. (midi)   _____

3. 9:30 p.m. → 7:30 a.m.   _____

Crédits

Great Minds® a fait tout son possible pour obtenir l'autorisation de réimprimer tout le matériel protégé par des droits d'auteur. Si un propriétaire de matériel protégé par des droits d'auteur n'est pas mentionné dans le présent document, veuillez contacter Great Minds pour qu'il soit dûment mentionné dans toutes les éditions et réimpressions futures de ce module.

Printed by Libri Plureos GmbH in Hamburg, Germany